传统民居·乡土建筑
钢笔写生画集

林 深
董 颖　绘

王 蕾　主编

黄河水利出版社
·郑州·

内容提要

本书为作者带领建筑学、城乡规划专业的学生在诸多课程的调研实践中，在建筑实物现场的写生作品。这些作品真实记录了即将消失的乡土建筑的原始风貌，包含了我国南方和北方部分较为典型的传统民居和乡土建筑，非常宝贵，有些建筑今天画完，第二天即被拆毁，非常可惜。

本书可作为建筑历史、传统民居及建筑历史文化遗产保护等课程的辅助教材，也可作为建筑学、城乡规划专业一、二年级学生学习钢笔画的参考资料。

图书在版编目（CIP）数据

传统民居·乡土建筑钢笔写生画集 / 林深，董颖绘；王蕾主编. — 郑州：黄河水利出版社，2017.5
ISBN 978－7－5509－1770－5

Ⅰ.①传… Ⅱ.①林… ②董… ③王… Ⅲ.①建筑画－钢笔画－写生画－作品集－中国－现代 Ⅳ.①TU204.13

中国版本图书馆CIP数据核字（2017）第123346号

出 版 社：黄河水利出版社　　　　　　　　　　　网址：www.yrcp.com
　　　　　地址：河南省郑州市顺河路黄委会综合楼14层　邮编：450003
发行单位：黄河水利出版社
　　　　　发行部电话：0371－66026940、66020550、66028024、66022620（传真）
　　　　　E-mail：hhslcbs@126.com
承印单位：河南瑞之光印刷股份有限公司
开本：787 mm×1 092 mm　1／12
印张：7
字数：116千字　　　　　　　　　　　　　　印数：1—1 000
版次：2017年5月第1版　　　　　　　　　　印次：2017年5月第1次印刷

定价：39.80元

自 序

　　乡村是最接近人与自然的存在，是最理想的人居环境。中华民族有7000年的农耕文明，历尽沧桑，保留至今的文化遗产大多数分布在历史文化村镇及偏远山区和乡村，特别是乡土建筑遗产。我国近现代第一代建筑大师、建筑史学家刘敦桢先生所著的《中国住宅概说》中指出："以往只注意宫殿、陵寝、庙宇，而忘却广大人民的住宅，是一件错误的事情。"此后，我国许多有关科研院所及高校联合开始了对徽州明代民居、福建客家土楼、苏州传统民居、北京四合院等乡土建筑遗产的调查研究，取得了丰富的科研成果。但随着城市化进程加快，新农村建设来势迅猛，加之一些名目繁多的片面追求经济效益或政绩的工程建设活动，使很多有保存价值、科研价值的乡土建筑遗产一夜之间破坏殆尽。

　　在世纪之交国际社会诞生了乡土建筑遗产保护专项文件，如1999年10月国际古遗址理事会第12届全体大会在墨西哥通过了《关于乡土建筑遗产的宪章》。该宪章在前言中指出："乡土建筑遗产在人类的情感和自豪中占有重要的地位，它已经被公认为是有特征的和有魅力的社会产物，它是那个时代生活的聚焦点，同时又是社会史的记录，它是人类的作品，也是时代的创造物，如果不重视保存这些组成人类自身生活核心的传统性和谐，将无法体现人类遗产的价值。"

当代保护乡土建筑遗产以及对有价值的历史文化遗产的修复、维修或登记调查研究的世界性或国家性的社会活动已深入人心，已经成为每个公民的义务和责任。我们在高校建筑学及城乡规划专业教学中，不仅从专业角度要求大学生学好建筑文化遗产保护的理论和方法，还要求每个学生成为保护建筑历史文化遗产的宣传员和实践者。我们在平时建筑美术写生实践和建筑史的学习调研考察中，除重视摄影、测绘外，更提倡动手进行建筑写生，写生能更真实地记录遗产的原始风貌。这本画集是以民居和乡土建筑遗产为主要内容的画集，从文化遗产保护角度看是非常有益的先例，这本小画集如能在宣传保护建筑历史文化遗产，以及对建筑历史文化遗产资源的调查记录工作方面起一些积极作用，并能唤起广大读者对即将消失的精神家园一点美好的历史记忆的话，我们将感到无比欣慰。

　　本集作品大部分是现场写生作品，也有少量是照摄影作品画成钢笔画的，在此，我们衷心向原摄影作品作者表示衷心的感谢。同时，衷心感谢黄河科技学院建筑工程学院院长李宏魁先生和教务办主任蔡海勇先生对我们工作给予的大力支持，更要感谢黄河水利出版社编辑简群女士和美编谢萍女士，因为她们认真细致而辛勤的工作，本书才得以顺利付梓。

林　深

2016年12月于郑州江山名邸源溪斋

【 林 深 作 品 】

2014.5. 济源写生—九里沟民居

济源九里沟民居

风雪夜归人——永远忘不了我童年的家

杜甫诞生窑（巩义）

太行村落（辉县写生）

辉县万仙山红石桥

被遗忘的家

济源九里沟民房（已废弃）

徽州关麓村小巷

云南丽江民居

韩城党家村党氏祠堂

党家村民居院落空间（陕西韩城）

老宅门（巩义山区）

广西民居·跌落空间·过街楼

北京小胡同

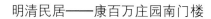

明清民居——康百万庄园南门楼　　　　故宫御花园（据照片画）

苏州留园可亭

康百万庄园（明清民居）一角

康百万庄园住宅区花园——八角花门及百年葡萄树

康百万庄园院落

康百万庄园南院一角

郭亮红石桥（干渣块石砌成）

我家村头大树

济源当年三线军工厂（已废弃）

万仙山石拱桥

商丘古城墙

济源九里沟山神庙

宅旁大树

济源九里沟民居

济源九里沟民居

人间仙景——黄山民居

黄山山神庙

窑洞院落

巩义靠崖窑洞

窑洞

村巷

西递秀园小店

安徽西递民居——自然生出来的建筑

西递民居胡同

夕阳晚照（西递民居）

安徽西递一角

水墨山水——西递远眺

皖南民居
2008.7 写生 西递

小巷深处

福州三坊七巷之一——郎官巷

戍戌六君子之一——林旭的故居已消失在
小巷深处了

福州三坊七巷之一——郎官巷
（戍戌六君子之一——林旭的故居就在小巷深处）

西递小巷深处老井

绍兴民居

安徽西递民居　　　　　　　　　　美的符号——西递民居序列空间

西递古弄人家　　　　　　　　安徽黟县西递镇——优美的马头墙韵律

辉县山区石头屋

丽江民居

废弃的小巷（济源农村）

村口打更房

西递牌坊

苏州狮子林一角

山路·秋 （彭山驻）
2004.10

永远不会忘记我家门前那段富有诗意的山路

最后的桃花源——浙江楠溪江民居

园林式家屋

窑洞院落

人·建筑·环境——自然有机融合的窑洞村（山西临县）

山西石头民居
2010年5月31日于陵川县昆山村

山西陵川石头村一角

太行山下是我家

康百万庄园主宅区入口影壁

记忆中的家园

朝不保夕的农家生态绿色小院（济源写生）

生态家园（济源山区民居）

山居秋暝——诗韵空间（济源小山村）

木构典范：广西民居

自然、优美、和谐的空间序列（江西婺源民居）

浙江楠溪江民居——最后的桃花源

土楼——天·地.·人·神的共居空间

记 酉阳龚滩州
传统民居吊脚楼
2009.10

与山争空间——吊脚楼民居（四川）

石头的诗——云南纳西族民居

湖南苗族侗寨民居——人与自然的有机融合

济源当年三线军工厂住宅

诗意栖居（济源山区民居）

济源九里沟民居

浙江楠溪江房桥

窑洞——炎黄子孙最早的家屋

辉县万仙山石筑精舍

从戏台望主宅区 2014·11写生·玫康百萬

明清民居——巩义康百万庄园
（巧妙利用地形，独具匠心组织创造了竖向、水平、南北、东西和谐有致的居住群体空间）

天地人和谐的居住空间层次——明清民居巩义康百万庄园（局部）

消失的家园
2015.5 席顶山老写生

已经被拆除的百年老屋　　　　　　　　　　　　　　　　（注：2015年写生，2016年已拆）

记忆中的家——窑院（山西）

新开发的农家乐园（饭店）

相互依存的生存空间（山西民居）

凝固的华侨史诗——广东开平碉楼（广东开平县共有华侨碉楼1833座，已成功申遗）

【 董 颖 作 品 】

村口

地坑式窑洞院落（三门峡）

老屋

贵州民居

济源山区民居

巩义黑石关窑宅

平遥古城内祠堂

开平碉楼

平遥南城门楼

平遥民居垂花门

山西石头民居

依水而居·广西民居

王屋山民居

绿树丛中

【 学 生 作 品 】

云南干阑式民居　　　　　　　　　　李洪恩（2013级建筑学专业）

小桥流水石板桥——园林式民居（西递写生）　李洪恩（2013级建筑学专业）

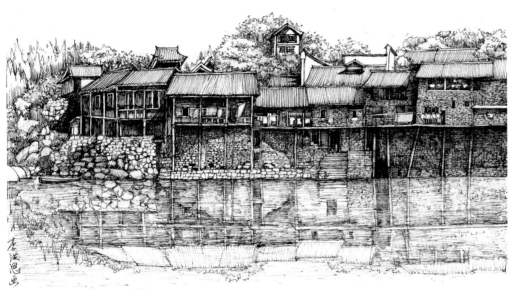

湖南凤凰城吊脚楼　　　　　　　　　　　　　李洪恩（2013级建筑学专业）

建筑木雕精品——西递胡氏祠堂木构细部　　　　　　李洪恩（2013级建筑学专业）

安徽西递写生——古弄　李洪恩（2013级建筑学专业）

西递写生——小巷深处是我家

李洪恩（2013级建筑学专业）

安徽西递写生　　　　　　　　　　李洪恩（2013级建筑学专业）

倒影　　　　　　　　　　李洪恩（2013级建筑学专业）

安徽西递——依人巷王宅入口

李洪恩（2013级建筑学专业）

冬天的田野　　　　　　　李洪恩（2013级建筑学专业）

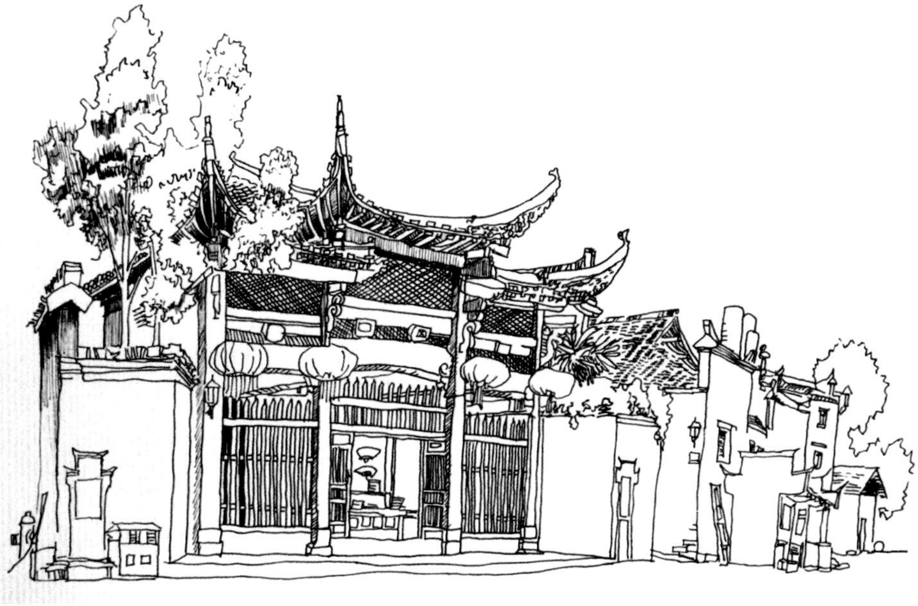

安徽西递追思祖先的殿堂　　薛矗（2013级建筑学专业）

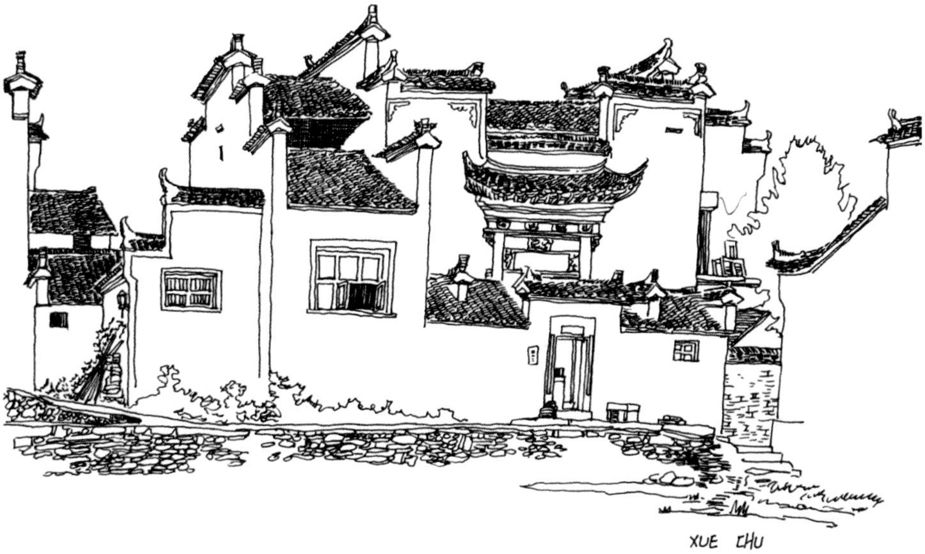

建筑本天成——优美的天际线　　薛矗（2013级建筑学专业）

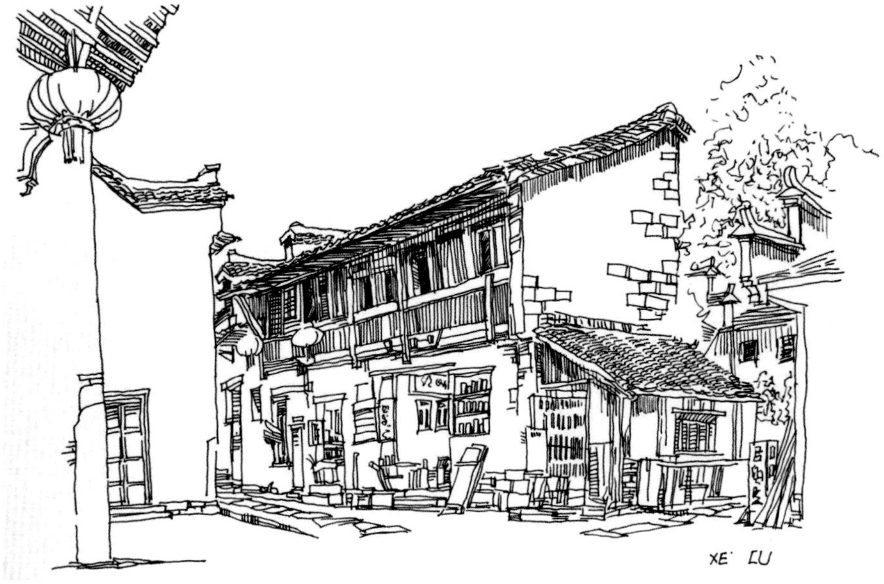

老店铺　　薛矗（2013级建筑学专业）

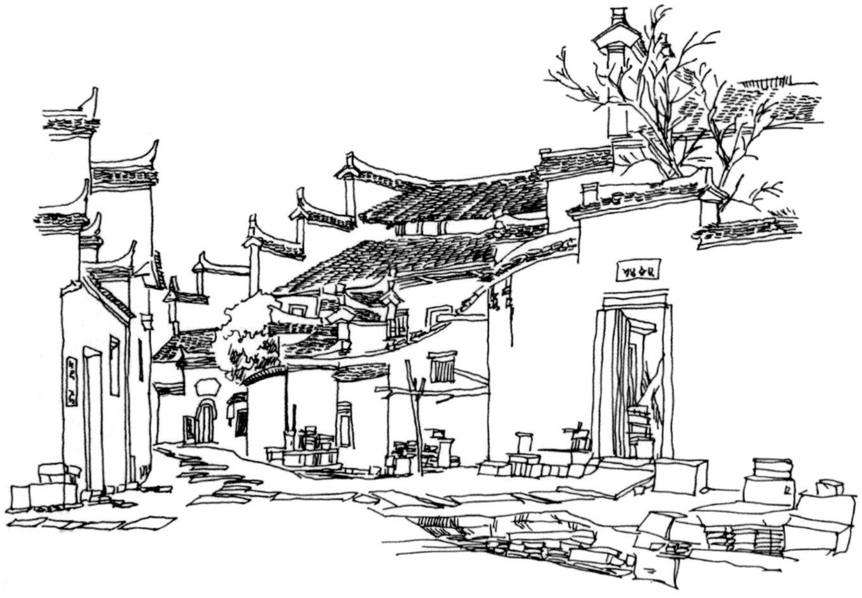

西递街　　薛矗（2013级建筑学专业）

某书院大门写生　　　　　　　　　　郑路（2013级城乡规划专业）

西递民居错落空间　　　　　　　　　郑路（2013级城乡规划专业）

客家人的精神城堡（福建土楼）

郑路（2013级城乡规划专业）

福建土楼外部环境

郑路（2013级城乡规划专业）

某老宅大门

郑路（2013级城乡规划专业）

西递一角 石暶（2013级建筑学专业）

西递民居阳台 石暶（2013级建筑学专业）